MALACOLOGIE

DES

ENVIRONS D'EMS

ET DE

LA VALLÉE DE LA LAHN.

MALACOLOGIE

DES

ENVIRONS D'EMS

ET DE

LA VALLÉE DE LA LAHN

PAR

M. LE Dr G. SERVAIN.

AOUT 1869.

Paris,

IMPRIMERIE ET LIBRAIRIE DE Mme Ve BOUCHARD-HUZARD

RUE DE L'EPERON, 5.

1869

Il y a peu de pays, nous le croyons, aussi charmants, aussi délicieux que ce pays d'Ems et cette vallée de la Lahn, dont nous allons essayer de faire connaître la population malacologique.

Ems, célèbre par ses eaux thermales, petite ville de l'ancien grand-duché de Nassau, assise sur la rive droite de la Lahn, à 8 kilomètres du Rhin et à une quinzaine de kilomètres de Coblentz, se trouve située dans une des plus fraîches vallées allemandes. Cette vallée (Lahnthal), où serpente une eau claire et limpide (la Lahn), est encaissée entre deux murailles de collines boisées ou couvertes de riches cultures.

C'est donc dans cette vallée, surtout autour d'Ems, où la fantaisie de touriste nous avait poussés, que nous nous sommes livrés à l'étude et à la recherche des mollusques terrestres et fluviatiles.

Nos courses et nos explorations se sont étendues, en remontant la Lahn, jusqu'aux ruines des fameux châteaux de Stein et de Nassau, ainsi qu'à la ville du même nom. Elles se sont poursuivies, sans interruption, en suivant le cours de cette rivière, à Dausenau, Ems, Nivern et Müllen, jusqu'aux villages de Nieder et Oberlahnstein, sur le Rhin.

A Ems, où naturellement nos explorations ont été plus minutieuses et plus réitérées, nous avons également exploré la vallée de l'Emsbach jusqu'aux ruines du vieux château de Sporkenburg.

Tel a été le champ de nos études, où, malgré notre court séjour, nous avons été assez heureux pour recueillir 70 espèces, dont 53 terrestres et 17 fluviatiles.

Ce sont ces espèces, presque toutes appartenant *au centre alpique,* qui forment le sujet de ce catalogue.

Mais, avant de signaler ces espèces, il est convenable, nous le croyons, de faire connaître les travaux de nos devanciers.

Bien qu'il existe un assez grand nombre d'écrits sur la malacologie de l'ancien grand-duché de Nassau, nous n'en connaissons que deux spéciaux à la vallée de la Lahn : l'un est consacré aux mollusques de la partie supérieure de cette vallée, l'autre à ceux des environs d'Ems.

Ces ouvrages sont :

1° Saudberger et Koch. Beiträge zur Kenntniss der Mollusken des oberen Lahn-und Dillgebiets, in Jahrbücher d. Vereins f. Naturk. in Herz. Nassau.—Heft VII, p. 276, et heft VIII, p. 165, 1851.

Cet écrit, consacré aux mollusques des environs de Weilburg et de Dissenburg, fait connaître la population malacologique de la partie supérieure de la vallée de la Lahn. Les espèces signalées sont au nombre de 98, dont 64 terrestres et 34 fluviatiles.

Si nous sommes loin d'avoir pu retrouver, aux environs d'Ems, un aussi grand nombre de mollusques, il est juste de dire, pour notre justification, que le champ d'exploration de ces savants est beaucoup plus vaste que le nôtre ; de plus, que ces auteurs ont pu consacrer à leurs recherches bien plus de temps que nous n'avons pu en donner, limités que nous étions dans notre court séjour aux eaux d'Ems.

Lorsque l'on compare, malgré tout, les espèces signalées par Saudberger et Koch, avec celles que nous avons pu recueillir, on reconnaît une parité parfaite de faune entre les parties supérieure et inférieure de la vallée de la Lahn. Les Daudebardia *rufa* et *brevipes,* entre autres coquilles, espèces caractéristiques des vallées rhénanes, ont été recueillies aussi bien par ces savants que par nous.

Parmi les mollusques indiqués dans ce travail, mollusques que nous n'avons pas été assez heureux pour retrouver, nous citerons notamment les Pupa secale et frumentum, l'Azeca tridens (*Carychium Menkeanum*), une Cæcilianella rapportée à l'Acicula, une Paludinella viridis, l'Unio Moquinianus, etc., etc.

2° Spengler (le Dr Ludwig). — Der Kurgast in Ems. 1 vol. in-12, avec planche, carte et figure intercalées. — Wetzlar, 1860.

Les mollusques (weichthiere) signalés dans ce guide du voyageur aux eaux d'Ems sont au nombre de 45, dont 29 terrestres et 16 fluviatiles.

Comme ces espèces ont été recueillies dans le champ de nos études et de nos explorations, nous croyons utile de reproduire la liste de ces espèces, ainsi que le nom des localités où elles ont été trouvées, afin que l'on puisse, par la comparaison, faire de suite la part de chacun.

Arion ater (sans indication de localité).

— rufus — —

Achatina lubrica (1), sous les racines des plantes.

Succinea amphibia (2), sur les hautes herbes d'une prairie humide peu éloignée de la promenade.

Vitrina beryllina (3), burgs de Stein et de Nassau.

Helicophanta brevipes (4), château de Lahneck.

Helicophanta rufa (5), burg de Nassau et ruines de Stein.

Helix hortensis, ruines de Stein et de Nassau. — On trouve, près du burg de Stein, de toutes petites variétés nommées *Blendlinge*, ornées de bandes transparentes. On rencontre encore, sur une côte très-sèche au-dessus de la Fonderie d'argent, une fort jolie variété mince, presque transparente, d'une teinte jaune-paille très-pâle, entourée de trois bandes d'un brun marron, plus larges que ne le sont ordinairement celles de l'*Helix hortensis*. Au pied des buissons disséminés sur le côté de la montagne qui domine Ems, existent des variétés rougeâtres.

Helix nemoralis, près de Nassau. On rencontre également des variétés de cette espèce, analogues à ces variétés de l'*hortensis*, nommées Blendlinge.

Helix personata (6), sous les pierres, dans les endroits

(1) Ferussacia subcylindrica, Bourguignat.
(2) Succinea putris, de Blainville.
(3) Vitrina (Helix) pellucida, de Müller (non Draparnaud).
(4) Daudebardia brevipes, de Hartmann.
(5) Daudebardia rufa, de Hartmann.
(6) Helix isognomostoma, Bourguignat.

sombres et ombragés, aux burgs de Stein et de Nassau. La seule localité où cette espèce avait été recueillie dans le grand-duché de Nassau était Lahneck.

Helix obvoluta. Lahneck; Sporkenburg; Hasenbachthal, près de la ville de Nassau ; la vallée de la Lahn.

Helix pulchella, *B. lævis* (1). Rochers dans la vallée de la Lahn.

Helix rotundata. Burgs de Stein et de Nassau, où l'on rencontre une variété blanchâtre de cette espèce.

Helix ruderata. Près de la ville de Nassau.

Helix cellaria (2). Sporkenburg.

Helix incarnata. Sporkenburg, Stein.

Helix fruticum. Lahnech.

Helix candidula (3). Dans la partie inférieure de la vallée de la Lahn.

Helix ericetorum. Lahneck.

Carocolla lapicida (4). Burgs de Stein et de Nassau.

Bulimus radiatus (5). D'Ems à Lahnstein.

Bulimus obscurus. Burgs de Stein et de Nassau.

Clausilia similis (6). Aux ruines de Stein. Dans celles du burg de Nassau, on trouve une variété d'une taille moyenne, caractérisée par des stries plus

(1) Par variété *lævis*, Spengler désigne la véritable pulchella, qui ne possède pas des costulations comme la costata.

(2) Zonites cellarius, de Gray.

(3) Helix unifasciata, de Poiret.

(4) Helix lapicida, de Linnæus.

(5) Bulimus detritus, de Studer.

(6) Clausilia biplicata, de Leach.

fines, par une suture moins profonde et par une coloration d'un gris d'ardoise.

Clausilia plicatula. Burgs de Stein et de Nassau. On rencontre, dans ces mêmes localités, les variétés *attenuata* de Ziegler et *mucida*.

Clausilia obtusa. Sporkenburg, Stein, Nassau.

Clausilia parvula. Burg de Stein.

Pupa frumentum. Entre Fachbach et Ems.

— tridens (1). Burgs de Stein et de Nassau.

— Doliolum. Sous les ruines, autour du château de Lahneck.

Physa fontinalis. Espèce remarquable par son enroulement sénestre (sans indication de localité).

Planorbis marginatus (2). Dans les alluvions de la Lahn.

— nitidus. Dans le jardin des Abeilles (Bienengarten), près de Bergnassau. Très-rare.

Planorbis contortus. Dans la Lahn. Très-rare.

— leucostoma (3). Dans la Lahn. Très-rare.

— carinatus (sans indication de localité).

Limnæus auricularis (4). En grande quantité dans la Lahn, vis-à-vis des cabanes de Hohenrheiner.

Limnæus fuscus (5). Dans une mare des jardins des Abeilles.

Limnæus pereger (6). Dans la Lahn.

Cyclostoma elegans. Lahneck; cabanes de Hohenrheiner,

(1) Bulimus tridens, de Bruguières.
(2) Planorbis complanatus, de Studer.
(3) Planorbis rotundatus, de Poiret.
(4) Limnæa auricularia, de Dupuy.
(5) Variété de la Limnæa palustris.
(6) Limnæa peregra, de Dupuy.

sous les pierres après la pluie. Entre Ems et Fachbach.

Neritina fluviatilis. Dans la Lahn.
Anodonta anatina. Dans la Lahn.
Unio pictorum (1). Dans la Lahn.
Unio batavus. Dans la Lahn.
Cyclas rivicola (2). Dans la Lahn.
— cornea (3). Dans la Lahn.
— calyculata (4). Dans la Lahn.

Telles sont les espèces signalées par le docteur Spengler aux alentours d'Ems et dans la vallée de la Lahn.

Parmi ces mollusques, au nombre de 45, il s'en trouve 10 que nous n'avons pu rencontrer, tels que les

Arion ater,
Helix ruderata,
Pupa frumentum,
Planorbis nitidus,
— leucostoma,
Planorbis carinatus,
Limnæus fuscus,
— pereger,
Unio pictorum,
Cyclas calyculata.

(1) Est-ce bien cette espèce?

(2) Sphærium rivicola, de Bourguignat.

(3) Sphærium corneum, de Scopoli (on ne trouve dans la Lahn que la variété rivalis).

(4) Sphærium lacustre (Tellina), de Müller. Cyclas calyculata, de Draparnaud. — Non Cyclas lacustris des auteurs modernes, qui est le Sphærium ovale, de Bourguignat).

MOLLUSCA GASTEROPODA.

GASTEROPODA INOPERCULATA.

§ 1. PULMONACEA.

ARIONIDÆ.

G. ARION.

ARION RUFUS.

Limax rufus, *Linnæus*, Syst. nat. (éd. X), p. 652, 1758.
Arion empiricorum, *Férussac*, Hist. Moll., p. 60, pl. I, f. 3, 1819.
Arion rufus, *Michaud*, Compl. à Drap., p. 3, 1831.

Espèce des plus abondantes dans tous les environs d'Ems. Le type, d'un *beau rouge*, se trouve surtout le long de la Lahn; la variété, d'un *rouge foncé*, à Baderlei, à Sporkenburg et au burg Nassau ; enfin la variété *brunâtre*, dans le vallon de l'Emsbach, ainsi que dans les ruines du burg Nassau.

Nous n'avons pas rencontré l'*Arion ater* signalé par Spengler.

ARION HORTENSIS.

Arion hortensis, *Férussac,* Hist. Moll., p. 65, pl. II, f. 4-6, 1819.

Assez rare. — Sous les pierres, à Baderlei, près de la tour de la Concorde.

LIMACIDÆ.

G. LIMAX.

LIMAX CINEREO-NIGER.

Limax cinereo-niger, *Wolf* in *Sturm*, Deutsch. Fauna, Wurmer (fasc. I), 1805.

Variété d'un beau noir, *sans carène blanche,* sous les pierres. Dans les ruines du vieux château de Sporkenburg.

LIMAX XANTHIUS.

Limax xanthius, *Bourguignat,* Moll. nouv. litig. ou peu connus, p. 204, n° 62, pl. XXXII, f. 11-15 (7e déc.), 1866.

Cette belle espèce, d'une couleur jaune orangé un peu verdâtre, habite sous les bois pourris, sur le Malberg, près d'Ems.

LIMAX AGRESTIS.

Limax agrestis, *Linnæus,* Syst. nat. (éd. X), I, p. 62, 1758.

Variété *grise,* le long de la Lahn, où elle est commune, ainsi que sous les détritus aux burgs de Stein et Nassau.

Variété *rosacée,* également sur les bords de la Lahn, mais notamment le long du chemin de Dausenau à Kemmenau, à droite en remontant un petit ruisseau.

G. MILAX.

MILAX MARGINATUS.

Limax marginatus, *Müller,* Verm. Hist., II, p. 10, 1774, et *Draparnaud,* Hist. Moll. France, p. 124, pl. IX, f. 9, 1805.

Milax marginatus, *Bourguignat,* Malac. du lac des Quatre-Cantons, p. 12, 1862.

Échantillons parfaitement caractérisés, sous les pierres, au burg Stein, à droite du sentier qui conduit aux ruines du burg Nassau.

HELICIDÆ.

G. DAUDEBARDIA.

DAUDEBARDIA RUFA.

Helix rufa, *Draparnaud,* Hist. Moll. France, p. 118, pl. VIII, f. 26-29, 1805.

Daudebardia rufa, *Hartmann,* Syst. der Erd-und sussw. Gast. Europa's, p. 54, 1821.

Sous les pierres, à Stein, à droite en allant dans la direction de burg Nassau.— Peu abondante.

DAUDEBARDIA BREVIPES.

Helix brevipes, *Draparnaud,* Hist. Moll. France, p. 119, pl. VIII, f. 30-33, 1805.

Daudebardia brevipes, *Hartmann,* Syst. der Erd-und sussw. Gast. Europa's, p. 54, 1821.

Sous les pierres et les détritus, dans les endroits ombragés, au-dessous du château de Lahneck.

Cette espèce, ainsi que la précédente, semble spéciale aux contrées de la vallée du Rhin, depuis le lac de Constance, en Suisse, jusqu'au delà de Cologne, en Westphalie.

Les Daud. *brevipes* et *rufa* ont été signalées, notamment en France, par notre ami J. R. Bourguignat, aux environs de Mulhouse, de Thann, de Schlestadt, de Bouxviller, etc., en Alsace. (Voyez Bourguignat, Moll. nouv. litig., etc., p. 211 (7e décade), 1866.)

G. VITRINA.

VITRINA MAJOR.

Helicolimax major, *Férussac* (père), Ess. méth. conch., p. 43, 1807.

Vitrina major, *C. Pfeiffer,* Deutschl. Moll., I, p. 47 (en note), 1821.

Très-commune, sous les détritus, aux alentours des burgs Stein et Nassau, près de la ville de Nassau.

VITRINA PELLUCIDA.

Helix pellucida, *Müller,* Verm. Hist., II, p. 15, 1774.
Vitrina pellucida, *Gærtner* (1), Conch. Wetter., p. 34, 1813.

Cette espèce, également connue sous le nom de *V. beryllina* (C. Pfeiffer, 1821), habite, avec la précédente, aux alentours des burgs Stein et Nassau, ainsi qu'à Dausenau et Fachbach.

G. SUCCINEA.

SUCCINEA PUTRIS.

Helix putris, *Linnæus,* Syst. nat. (éd. X), p. 774, 1758.
Succinea putris, *de Blainville,* in Dict. sc. nat., v. LI, p. 244, tab. xxxv, f. 4, 1827.

Commune dans les herbes, le long de l'Emsbach et de la Lahn.

G. ZONITES.

ZONITES CELLARIUS.

Helix cellaria, *Müller,* Verm. Hist., II, p. 38, 1774.

(1) Non Vitrina pellucida de Draparnaud.

Zonites cellarius, *Gray*, in *Turton*, Shells Brit., p. 170, 1840.

Coquille abondante aux environs d'Ems, notamment au Malberg, près de la Tour, et à Baderlei, sous les détritus.

Cette espèce se trouve également sous les pierres, aux alentours de Dausenau, ainsi que dans les ruines de Stein, de Nassau et de Sporkenburg.

ZONITES DUTAILLYANUS.

Zonites Dutaillyanus, *J. Mabille*, Arch. malac. (3e fasc.), p. 53, 1868.

Dans les parties boisées de la vallée de la Lahn, entre Ems et Oberlahnstein.

ZONITES NITENS.

Helix nitens, *Gmelin*, Syst. nat., p. 3633, 1788, et *Michaud*, Compl. à Drap., p. 44, pl. XV, f. 1-3, 1831.

Zonites nitens, *Bourguignat*, Cat. coq. d'Orient, in Voy. à la mer Morte, p. 8 (en note), 1853.

Sous les détritus, au burg Stein, près de Nassau, ainsi que dans le vallon de la Fonderie d'argent (Silberschmelze), à droite, en allant dans la direction des ruines de Sporkenburg.

ZONITES SUBNITENS.

Zonites subnitens, *Bourguignat*, g. Zonites, 1869, et *Letourneux*, Cat. Moll. Vendée, p. 14, 1869, et *Lallemant* et *Servain*, Cat. Moll. Jaulgonne, p. 14, 1869.

Sous les pierres et les bois morts, au pied des ruines du burg Stein, près de Nassau.

ZONITES SUBTERRANEUS.

Zonites subterraneus, *Bourguignat*, Amén. malac., I, p. 194, pl. xx, f. 15-18, 1856.

Sous les mousses et les feuilles mortes, dans la vallée qui conduit de Dausenau à Kemmenau, et entre Ems et Nivern, à gauche en descendant la Lahn, à peu près à moitié chemin.

G. HELIX.

HELIX POMATIA.

Helix pomatia, *Linnæus*, Syst. nat. (éd. X), p. 771, 1758.

Espèce peu abondante, cependant assez commune aux environs de la ville de Nassau ; d'Ems, notamment sur les rochers du Malberg et de Baderlei ; enfin dans les ruines du Sporkenburg, entre la Fonderie d'argent et le village d'Arzbach.

HELIX NEMORALIS.

Helix nemoralis, *Linnæus*, Syst. nat. (éd. X), p. 773, 1758.

Coquille répandue sur tous les coteaux de la vallée de la Lahn, où elle présente une foule de variétés. Ses principales variétés sont :

Variété d'un *beau rouge foncé* unicolore, dans les ruines du burg Stein.

Variété *jaunacée* avec une *bande noire* occupant presque tout le dernier tour, sur une colline boisée près de Mullen, en Ems et Lahnstein.

Variété *jaunacée* avec *plusieurs bandes transparentes* çà et là dans la vallée, mais notamment dans le vallon qui conduit aux ruines de Sporkenburg.

Etc....

HELIX HORTENSIS.

Helix hortensis, *Müller*, Verm. Hist., II, p. 52, 1774.

Espèce plus commune que la précédente, et offrant également de nombreuses variétés, dont les plus intéressantes sont : 1° variété *jaune unicolore*, de forte taille, dans les prairies aux alentours de Nassau ; 2° variété *rougeâtre*, dans les haies et les buissons des coteaux de Fachbach et de Dorf-Ems ; 3° variété *petite*, d'un ton jaunacé, avec trois bandes transparentes d'une teinte brune-marron, etc., sur la colline à gauche, en allant à la Fonderie d'argent, etc.

La variété la plus abondante aux environs d'Ems, ainsi que dans toute la vallée, est la variété jaunâtre avec cinq bandes brunes.

HELIX ARBUSTORUM.

Helix arbustorum, *Linnæus,* Syst. nat. (éd. X), p. 771, 1758.

Coquille peu abondante. — Sous les pierres, dans les ruines de Stein, à droite, en montant vers le burg de Nassau.

HELIX FRUTICUM.

Helix fruticum, *Müller*, Verm. Hist., II, p. 71, 1774.

Au pied des arbustes, dans les endroits ombragés, au-dessous du château de Lahneck.

HELIX INCARNATA.

Helix incarnata, *Müller,* Verm. Hist., II, p. 63, 1774.

Commune sous les pierres, aux burgs de Stein et de Nassau; environs d'Ems, à Baderlei, et sur le Malberg, près de la tour; ruines de Sporkenburg.

HELIX SERICEA.

Helix sericea, *Müller*, Verm. Hist., II, p. 62, 1774.

Espèce rare. Burgs de Stein et de Nassau, sous les détritus. Vallon de l'Ahler-Hutte, à Biebricher-Hof.

HELIX LAPICIDA.

Helix lapicida, *Linnæus,* Syst. nat. (éd. X), p. 768, 1758.

Hélice très-commune partout, aux burgs Stein et Nassau ; à Ems, sur le Malberg et à Baderlei ; sur les rochers du vallon de l'Emsbach, ainsi que sur ceux de la vallée de la Lahn, entre Ems et Oberlahnstein.

HELIX OBVOLUTA.

Helix obvoluta, *Müller,* Verm. Hist., II, p. 27, 1774.

Espèce abondante sous les détritus et les bois pourris, aux ruines de Sporkenburg, de Stein et de Nassau; sous les pierres, au pied des murailles du château de Lahneck.

HELIX ISOGNOMOSTOMA.

Helix isognomostomos (pars), *Gmelin,* Syst. nat., p. 3621, 1788.
Helix isognomostoma, *Bourguignat,* Malac. du lac des Quatre-Cantons, p. 29, 1862.

Cette espèce, anciennement connue sous l'appellation d'*Helix personata* (*Lamarck,* in Journ. Hist. nat., II, p. 348, pl. XLII, f. 1 *a, b,* 1792), habite sous les pierres, dans les endroits humides et ombragés, aux burgs de Stein et de Nassau ; elle est surtout abondante à Stein, à droite en sortant du château pour aller dans la direction de la ville de Nassau.

HELIX COSTATA.

Helix costata, *Müller,* Verm. Hist., II, p. 31, 1774.

Coquille excessivement abondante sur une muraille, à gauche de l'entrée du burg de Nassau.

HELIX PULCHELLA.

Helix pulchella, *Müller,* Verm. Hist., II, p. 30, 1774.

Sous les pierres, dans la vallée, aux environs de Nivern, Mullen et Niederlahnstein.— Peu abondante.

HELIX ACULEATA.

Helix aculeata, *Müller,* Verm. Hist., II, p. 81, 1774.

Sous les écorces et les feuilles, à Sporkenburg, à Dausenau, ainsi qu'aux environs de la ville de Nassau.

HELIX RUPESTRIS.

Helix rupestris, *Draparnaud,* Tabl. Moll., p. 71, 1801, et Hist. Moll. France, p. 82, pl. VII, f. 7-9, 1805.

Sur les rochers, entre Ems et Oberlahnstein. — Peu commune.

HELIX ROTUNDATA.

Helix rotundata, *Müller,* Verm. Hist., II, p. 29, 1774.

Coquille commune partout, sous les pierres, les détritus ou dans l'anfractuosité des rochers, à Mullen, Fachbach, Sporkenburg, Ems, Stein et Nassau.

Dans cette dernière localité se trouve très-fréquemment une charmante variété *albinos* transparente. Cette variété se rencontre surtout sur le versant de la colline qui regarde Scheuern.

HELIX UNIFASCIATA.

Helix unifasciata, *Poiret,* Coq. fluv. terr. de l'Aisne et des environs de Paris, p. 41 (avril), 1801.

Aux environs d'Oberlahnstein, de Lahneck, au pied des murailles, dans les gazons, le long des haies ou près des buissons, dans les endroits incultes, secs et un peu arides. — Assez rare.

Nous n'avons pas rencontré la variété *alpestre* de cette Hélice (Hel. candidula, Studer, 1820), caractérisée par une coquille plus *fortement striée ;* par une ouverture plus arrondie, moins oblongue transversalement ; par un péristome moins fortement bordé et présentant d'une manière à peine sensible ces renflements tuberculeux souvent si prononcés chez l'unifasciata.

HELIX CIRCINNATA.

Helix circinnata, *Studer,* Verz., p. 86, 1820, et *Rossmässler,* Iconogr., VII, f. 422, 1838.

Espèce assez rare dans les herbages, aux burgs de Stein et de Nassau.

HELIX ERICETORUM.

Helix ericetorum, *Müller*, Verm. Hist., II, p. 33 (excl. A), 1774.

Sur les pelouses, le long des haies et des buissons, en montant au château de Lahneck, par le sentier d'Oberlahnstein.

G. BULIMUS.

BULIMUS DETRITUS.

Helix detrita, *Müller*, Verm. Hist., II, p. 101, 1774.
Bulimus detritus, *Studer*, Verzeichn., p. 88, 1820.

Sur les rochers et dans les anfractuosités entre Dausenau et Nassau, ainsi qu'entre Ems et Niederlahnstein.

BULIMUS OBSCURUS.

Helix obscura, *Müller*, Verm. Hist., II, p. 103, 1774.
Bulimus obscurus, *Draparnaud*, Tabl. Moll., France, p. 65, 1801, et Hist. Moll., p. 74, pl. IV, f. 23, 1805.

Sous les détritus et les pierres, dans les ruines de Stein et de Nassau ; Ems, sur le Malberg ; vallée de l'Emsbach, au-dessus de la Fonderie d'argent.

BULIMUS TRIDENS.

Helix tridens, *Müller,* Verm. Hist., II, p. 106, 1774.
Bulimus tridens, *Bruguières,* in Encycl. méth. vers, t. II, p. 350, 1792.

Au pied des haies, sur la colline qui domine Ems; coteau de Lahneck.

G. FERUSSACIA.

FERUSSACIA SUBCYLINDRICA.

Helix subcylindrica, *Linnæus,* Syst. nat. (éd. XII), p. 1248, 1767.
Ferussacia subcylindrica, *Bourguignat,* in Amén. malac., I, p. 209, 1856.

Dans les ruines de Nassau, sous les détritus, près d'une muraille à gauche de l'entrée. Peu commune.

G. CLAUSILIA.

CLAUSILIA LAMINATA.

Turbo laminatus, *Montagu,* Test. Brit., p. 359, pl. 11, fig. 4, 1803.
Clausilia laminata, *Turton,* Brit. Moll., p. 70, 1831.

Coquille rare. — Sous un bois pourri près de la tour du Malberg, en compagnie de la Limax xanthius.

CLAUSILIA BIPLICATA.

Turbo biplicatus, *Montagu*, Test. Brit., p. 361, tab. II, f. 5, 1803.
Clausilia biplicata, *Leach*, Moll. Brit., p. 120, 1820.

Cette espèce, connue également sous le nom de *Clausilia similis* (Charpentier), est excessivement abondante partout, notamment aux ruines de Nassau, sur le versant qui regarde Scheuern, ainsi qu'à Dausenau, à Ems près de la Mooshutte, à Nivern, Mullen et aux ruines de Sporkenburg.

Spengler signale, aux burgs de Stein et de Nassau, une variété que nous n'avons pu trouver. Cette variété, d'une taille moindre que le type, est caractérisée par une coquille d'une teinte grise-ardoisée, pourvue de striations plus délicates et d'une suture moins profonde.

CLAUSILIA PLICATULA.

Pupa plicatula, *Draparnaud*, Tab. Moll., p. 64, 1801.
Clausilia plicatula, *Draparnaud*, Hist. Moll., p. 72, pl. IV, f. 17-18, 1805.

Clausilie peu commune ; dans les ruines de Stein et de Nassau.

CLAUSILIA NIGRICANS.

Turbo nigricans, *Pulteney*. Cat. Dorsetsh., p. 46, 1799.

Clausilia nigricans, *Jeffreyss*, Syn. test., in Trans. Linn. Soc., p. 351, 1828.

Assez abondante sur les écorces, sous les bois pourris ou sous les détritus, aux ruines de Stein et de Nassau, à Baderlei, près d'Ems, ainsi qu'aux ruines de Sporkenburg.

CLAUSILIA OBTUSA.

Clausilia obtusa, *C. Pfeiffer,* Nat. Deutsch. Moll., I, p. 65, pl. III, f. 33-34, 1821.

Habite avec la précédente, seulement cette espèce est moins commune.

CLAUSILIA PARVULA.

Helix parvula, *Studer,* Faun. Helv. in *Coxe,* Trav. Switz, III, p. 431 (sans descript.), 1789.
Clausilia parvula, *Studer,* Verzeichniss, p. 89, 1820.

Coquille très-abondante partout, sous les détritus, les bois pourris, sur les écorces, etc. Ruines de Stein et de Nassau; Dausenau, le Baderlei et le Malberg, à Ems; ruines de Sporkenburg, etc.

G. BALIA.

Balia Rayana, *Bourguignat,* Monogr. g. Balia, in Amén. malac., II, p. 72, pl. XIII, f. 13-15, 1857.

Espèce rare. Se trouve au burg de Nassau, dans les détritus, au pied des murailles qui regardent le village de Scheuern.

G. PUPA.

PUPA DOLIOLUM.

Bulimus doliolum, *Bruguières,* in Encycl. meth. vers, II, p. 351, 1792.
Pupa doliolum, *Draparnaud,* Tabl. Moll., p. 58, 1801, et Hist. Moll. France, p. 62, pl. III, f. 41-42, 1805.

Dans les anfractuosités des rochers ou des murailles, à Sporkenburg, et au pied du château de Lahneck.

PUPA MUSCORUM.

Turbo muscorum, *Linnæus,* Syst. nat. (éd. X), I, p. 767, 1758.
Pupa muscorum, *C. Pfeiffer,* Deutsch. Moll., I, p. 57, pl. III, f. 17-18, 1821.

Cette espèce, anciennement connue sous le nom de *Pupa marginata* (Draparnaud), se trouve sous les détritus, aux ruines de Stein et de Nassau. — Coquille rare.

PUPA BIGRANATA.

Pupa bigranata, *Rossmässler,* Iconog., X, p. 27, f. 645, 1839.

Excessivement commune sous les détritus, aux ruines de Stein, mais surtout à celles de Nassau.

G. VERTIGO.

VERTIGO MUSCORUM.

Pupa muscorum, *Draparnaud*, Tabl. Moll., p. 56 (excl. syn.), 1801.
Vertigo muscorum, *Michaud*, Compl. à Drap., p. 70, 1831.

Cette petite coquille, autrefois connue sous l'appellation de *Pupa minutissima* (Hartmann), habite, sous les détritus, aux ruines de Stein.— Peu commune.

VERTIGO EDENTULA.

Pupa edentula, *Draparnaud*, Hist. Moll., p. 59, 1805.
Vertigo edentula, *Studer*, Syst. verz., p. 89, 1820.

Sous les écorces des arbres, en montant au burg de Nassau. Assez rare.

VERTIGO PYGMÆA.

Pupa pygmæa, *Draparnaud*, Tabl. Moll., p. 57, 1801, et Hist. Moll., p. 60, pl. III, f. 30-31, 1805.
Vertigo pygmæa, *Férussac*, Tabl. syst., p. 68, 1821.

Sous les détritus d'une muraille, à gauche en entrant dans les ruines du château de Nassau. — Rare.

VERTIGO PUSILLA

Vertigo pusilla, *Müller*, Verm. Hist., II, p. 124, 1774.

Habite avec la précédente, seulement cette espèce est des plus abondantes.

§ 2. PULMOBRANCHIATA.

LIMNÆIDÆ.

G. PLANORBIS.

PLANORBIS CONTORTUS.

Helix contorta, *Linnæus*, Syst. nat. (éd. X), I, p. 770, 1758.
Planorbis contortus, *Müller*, Verm. Hist., II, p. 162, 1774.

Dans la Lahn, entre Nivern et Mullen. — Coquille rare.

PLANORBIS COMPLANATUS.

Helix complanata, *Linnæus*, Syst. nat. (éd. X), I, p. 769, 1758.
Planorbis complanatus, *Studer*, Faun. Helv. in *Coxe*, Trav. Switz, III, p. 435, 1789.

Dans la Lahn, au-dessus d'Oberlahnstein.— Espèce peu abondante.

PLANORBIS ALBUS.

Planorbis albus, *Müller,* Verm. Hist., II, p. 164, 1774.

Coquille très-commune dans les endroits vaseux de la Lahn, entre Ems et Dausenau.

G. PHYSA.

PHYSA FONTINALIS.

Bulla fontinalis, *Linnœus,* Syst. nat. (éd. X), p. 727, 1758.

Physa fontinalis, *Draparnaud,* Tabl. Moll., p. 52, 1801, et Hist. Moll., p. 54, pl. III, f. 8-9, 1805.

Dans les parties vaseuses couvertes de roseaux, entre Ems et Nivern, sur la rive gauche de la Lahn.

G. LIMNÆA.

LIMNÆA AURICULARIA.

Helix auricularia, *Linnœus,* Syst. nat. (éd. X), I, p. 774, 1758.

Limneus auricularius, *Draparnaud,* Tabl. Moll., p. 48, 1801.

Limnæa auricularia, *Dupuy*, Hist. Moll., France, p. 481, pl. XXII, f. 8 (5e fasc.), 1851.

Bord de la Lahn, au-dessus de Niederlahnstein.

LIMNÆA LIMOSA.

Helix limosa, *Linnæus,* Syst. nat. (éd. X), I, p. 774, 1758.
Limnæa limosa, *Moquin-Tandon*, Hist. Moll. France, II, p. 465, pl. XXXIV, f. 11-12, 1855.

Nous n'avons pu rencontrer le type de cette espèce ; mais, en revanche, nous avons recueilli en très-grande abondance, dans la Lahn, au-dessus d'Ems, une de ces variétés connue de tous sous l'appellation *vulgaris* (Limnæa vulgaris, C. Pfeiffer, Deutsch. Moll., I, p. 89, pl. IV, f. 22, 1821).

ANCYLIDÆ.

G. ANCYLUS.

ANCYLUS GIBBOSUS.

Ancylus gibbosus, *Bourguignat*, g. Anc. in Journ. Conch., IV, p. 186, 1853.

Excessivement commune, sur les pierres, dans la Lahn, l'Emsbach et le petit ruisseau de Dausenau. — Échantillons bien caractérisés.

ANCYLUS LACUSTRIS.

Patella lacustris, *Linnæus,* Syst. nat. (éd. X), I, p. 783, 1758.
Ancylus lacustris, *Müller,* Verm. Hist., II, p. 199, 1774.

Sur les roseaux, sous les feuilles submergées, dans la Lahn, en dessous d'Ems.

GASTEROPODA OPERCULATA.

§ 1. PULMONACEA.

CYCLOSTOMIDÆ.

G. CYCLOSTOMA.

CYCLOSTOMA ELEGANS.

Nerita elegans, *Müller,* Verm. Hist., II, p. 117, 1774.
Cyclostoma elegans, *Draparnaud*, Tabl. Moll., p. 38, 1801, et Hist. Moll., p. 32, pl. I, f. 5-8, 1805.

Sous les pierres, au pied des haies, sur les coteaux au-dessus d'Ems et de Fachbach. — Environs de Lahneck.

§ 2. BRANCHIATA.

VALVATIDÆ.

VALVATA OBTUSA.

Nerita obtusa, *Studer,* Faun. Helv. in *Coxe,* Trav. Switz, III, p. 436 (sans caract.), 1789.

Valvata obtusa, *Brard,* Coq. Paris, p. 190, pl. VI, f. 17, 1815.

Abondante dans les endroits vaseux de la Lahn, entre Ems et Dausenau.

NERITIDÆ.

G. NERITINA.

NERITINA FLUVIATILIS.

Nerita fluviatilis, *Linnæus,* Syst. nat. (éd. X), I, p. 777, 1758.

Neritina fluviatilis, *Lamarck,* An. s. vert., t. VI (2ᵉ partie), p. 188, 1822.

Sur les pierres, dans la Lahn, depuis la ville de Nassau jusqu'au Rhin.

MOLLUSCA ACEPHALA.

LAMELLIBRANCHIATA.

SPHÆRIDÆ.

G. SPHÆRIUM.

SPHÆRIUM RIVICOLA.

Cyclas rivicola, *Lamarck*, An. s. vert., t.V, p. 558, 1818.
Sphærium rivicola, *Bourguignat*, Amén. malac., in Rev. et mag. zool., n° 8, p. 345, 1853, et Monogr. du g. Sphærium, p. 12, pl. I, f. 8-12, 1854.

Dans la Lahn, près de Niederlahnstein.

SPHÆRIUM CORNEUM.

Tellina cornea, *Linnæus*, Syst. nat. (éd. X), I, p. 678, 1758.
Sphærium corneum, *Scopoli*, Introd. ad Hist. nat., p. 398, 1777.

La Lahn, entre Ems et Dausenau, dans les racines des plantes aquatiques, où la variété *rivalis* de cette espèce est très-abondante.

G. PISIDIUM.

PISIDIUM AMNICUM.

Tellina amnica, *Müller,* Verm. Hist., II, p. 205, 1774.
Pisidium amnicum, *Jenyns*, Monogr. Cycl. and Pisid. in Trans. Camb. phil. Soc., t. IV (2e partie), p. 509, pl. XIX, f. 2, 1833.

La Lahn, à Ems, dans les parties vaseuses. Assez commune.

G. UNIO.

UNIO BATAVUS.

Mya batava, *Maton* et *Rackett*, Cat. Brit. test. in Trans. Linn., t. VIII, p. 57, 1807.
Unio batava, *Lamarck,* An. s. vert., t. VI (1re partie), p. 78, 1819.
Unio batavus, *Nillsson*, Moll. Sueciæ, p. 112, 1822.

Espèce des plus abondantes dans la Lahn, au-dessus d'Ems, surtout au grand tournant de la rivière.

G. ANODONTA.

ANODONTA ANATINA.

Mytilus anatinus, *Linnæus*, Syst. nat. (éd. X), I, p. 706. 1758.

Anodonta anatina, *Lamarck,* An. s. vert., t. VI (1re partie), p. 85, 1819.

Parties vaseuses de la Lahn, entre Ems et Dausenau. Assez rare.

ANODONTA ROSSMÄSSLERIANA.

Anodonta, Rossmässleriana, *Dupuy,* Essai Moll. Gers, p. 74, 1845, et Hist. Moll. France, p. 608, pl. XVIII, f. 14 (6e fasc.), 1852.

La Lahn, presque vis-à-vis Dausenau, dans les endroits boueux.— Espèce plus abondante que l'anatina.

ANODONTA PONDEROSA.

Anodonta ponderosa, *C. Pfeiffer,* Naturg. Deutsch., II, p. 51, tab. IV, f. 1-6, 1825.

Dans la Lahn, au-dessus d'Ems, entre le grand coude de la rivière et Dausenau.

Paris. — Imprimerie de Mme Ve Bouchard-Huzard, rue de l'Éperon, 5.

www.ingramcontent.com/pod-product-compliance
Ingram Content Group UK Ltd.
Pitfield, Milton Keynes, MK11 3LW, UK
UKHW021043180726
13838UKWH00004B/1979